# 食物背后的秘密
SHIWU BEIHOU DE MIMI

U0385001

# 番茄，你从哪里来

温会会 / 编著

浙江摄影出版社
全国百佳图书出版单位

番茄炒鸡蛋，番茄炖牛腩，薯条蘸番茄酱……这些美味都离不开原材料——番茄。

　　番茄，是从哪里来的呢？

有的小朋友可能会说："它们是从菜市场里买来的！"
是的，人们可以从菜市场里买到番茄。那么，菜市场里的番茄又是从哪里来的呢？

5

番茄又叫"西红柿"。

你知道吗？番茄的老家在南美洲。很久以前，当地人以为色彩娇艳的番茄有毒，还给它起名为"狼桃"。后来，人们鼓起勇气尝试，才发现番茄其实很好吃！

番茄是经过种植，从土壤里长出来的。一起来看看番茄的种植过程吧！

　　在种植番茄之前，农民们会先整理土壤，让土层变得松软。

接着，农民们选用优质的番茄种子，开始播种。小小的种子有了"家"，可以安心成长啦！

大约十天后，番茄的种子铆足了劲儿，从土里钻了出来。瞧，土里萌出了小小的番茄芽儿！

接下来，番茄的幼苗开始逐渐长大。农民们细心地照料柔嫩的幼苗，适时地给它们浇水。

随着番茄苗越长越高，农民们在它们的旁边插上木棍或搭设架子。有了架子的支撑，以后长出来的番茄果实就不会压弯枝干啦！

过了一段时间，番茄苗开出了黄色的小花。看，番茄花的花瓣又细又长，向四周伸展着，真漂亮！

开花之后，番茄开始为结果而努力。

这时，农民们给番茄浇水、施肥、修剪侧枝，帮助果实茁壮成长！

刚开始，番茄结出小小的、青色的果实。随着时间的推移，果实越长越大，颜色也变得红通通的，就像一盏盏红灯笼，真好看！

番茄成熟了！圆溜溜的番茄，吃起来酸酸甜甜，非常鲜美。番茄富含多种维生素，对人体有很大的好处。

25

好看又好吃的番茄，得到了人们的喜爱。"红宝石""爱情果""金苹果"，都成了番茄的美誉之词！

27

责任编辑　陈　一
文字编辑　谢晓天
责任校对　高余朵
责任印制　汪立峰

项目设计　北视国

图书在版编目（CIP）数据

　　番茄，你从哪里来 / 温会会编著 . -- 杭州 : 浙江
摄影出版社，2022.1
　　（食物背后的秘密）
　　ISBN 978-7-5514-3587-1

　　Ⅰ．①番… Ⅱ．①温… Ⅲ．①番茄－蔬菜园艺－儿童
读物 Ⅳ．① S641.2-49

　　中国版本图书馆 CIP 数据核字（2021）第 223876 号

FANQIE NI CONG NALI LAI

# 番茄，你从哪里来

## （食物背后的秘密）

温会会　编著

**全国百佳图书出版单位**
**浙江摄影出版社出版发行**
　　地址：杭州市体育场路 347 号
　　邮编：310006
　　电话：0571-85151082
　　网址：www.photo.zjcb.com
制版：北京北视国文化传媒有限公司
印刷：山东博思印务有限公司
开本：889mm×1194mm　1/16
印张：2
2022 年 1 月第 1 版　　2022 年 1 月第 1 次印刷
ISBN 978-7-5514-3587-1
定价：39.80 元